BEI GRIN MACHT SICH IHR WISSEN BEZAHLT

- Wir veröffentlichen Ihre Hausarbeit,
  Bachelor- und Masterarbeit

- Ihr eigenes eBook und Buch -
  weltweit in allen wichtigen Shops

- Verdienen Sie an jedem Verkauf

Jetzt bei www.GRIN.com hochladen
und kostenlos publizieren

Carolin Töpfer

Der Cultural Turn in der Geographie

GRIN Verlag

Bibliografische Information der Deutschen Nationalbibliothek:

Die Deutsche Bibliothek verzeichnet diese Publikation in der Deutschen National-
bibliografie; detaillierte bibliografische Daten sind im Internet über http://dnb.d-
nb.de/ abrufbar.

Impressum:

Copyright © 2011 GRIN Verlag GmbH
Druck und Bindung: Books on Demand GmbH, Norderstedt Germany
ISBN: 978-3-656-36840-3

Dieses Buch bei GRIN:

http://www.grin.com/de/e-book/209020/der-cultural-turn-in-der-geographie

FSU Jena
Institut für Geographie
Lehrstuhl für Sozialgeographie
WS 2010 / 2011
Modul: Humangeographie II

„Cultural Turn"

Vorgelegt von: Carolin Töpfer
Studiengang: LA GYM JM Deutsch / Geographie
Fachsemester: 07

<u>**Inhaltsverzeichnis**</u>

1) Einleitung

2) Ausgangslage vor der Ersten kulturtheoretischen Wende

2.1 Situation der Geographen vor der Ersten kulturtheoretischen Wende

2.2 Die Geisteswissenschaftler

3) Folgen der Ersten kulturtheoretischen Wende für die Geographie

3.1 Methodologisches Elaborat

3.2 Die Raumversessenheit der Geographen

3.3 Neuorientierung der Geographen

4) Der Weg zur Zweiten kulturtheoretischen Wende

4.1 Rahmenbedigungen des Cultural Turns

4.2 Der Cultural Turn

4.3 Kritik an den Cultural Studies

5) Fazit

Literaturverzeichnis

1) <u>**Einleitung**</u>

Sozialgeographie versteht sich als Wissenschaft von „Raum" und „Gesellschaft". Ein Blick in die Fachgeschichte zeigt jedoch, dass die Geographen bis in die 60er Jahre des vergangen Jahrhunderts eine Wissenschaft betrieben haben, die sich primär auf den „Raum" konzentrierte und die „Gesellschaft" weitestgehend außer Acht ließ. Der Cultural Turn, der auch als Zweite kulturtheoretische Wende bezeichnet wird, beschreibt jene Periode, in der sich die Geographie, insbesondere die Sozialgeographie, wieder mehr auf die Schnittstelle zwischen Raum und Gesellschaft zubewegte. Derartige wissenschaftstheoretische Veränderungen müssen stets vor dem Hintergrund veränderter gesellschaftlicher Bedingungen analysiert werden. Einschneidende Veränderungen in der Gesellschaft (wie beispielsweise die Globalisierung) verändern zumindest langfristig den Forschungsgegenstand der Sozial- und Gesellschaftswissenschaften.

Dementsprechend wird diese Hausarbeit die Anpassung der Geographie, insbesondere der Sozialgeographie, an die veränderten gesellschaftlichen Bedingungen erläutern.

Es wird zunächst eine Erste kulturtheoretische Wende betrachtet werden. Die Emanzipation der Geistes- von den Naturwissenschaften, als Hauptpunkt dieser Wende, wird in ihren Ursachen und Ausprägungen beschrieben werden. In einem weiteren Schritt wird es um eine Wissenschaftsperiode gehen, in der die Geographie die Folgen dieser Ersten kulturtheoretischen Wende bearbeitet und eine Zweite Wende vorbereitet. Im dritten Punkt wird schließlich jener Cultural Turn beschrieben, der die Geographie nachhaltig beeinflusste. Die neue wissenschaftliche Ausrichtung der Sozialgeographie soll beschrieben werden, ihre Methoden, Theorien und ihre Methodologie werden erläutert und in einen gesamtgesellschaftlichen Kontext gestellt werden.

<u>2) Ausgangslage vor der Ersten kulturtheoretischen Wende</u>

Der folgende Abschnitt soll einen Überblick über die Inhalte und die Methodologie der Geographen vor der Ersten kulturtheoretischen Wende geben. Außerdem werden am Beispiel Hegels und Webers die Entwicklungen im geisteswissenschaftlichen Forschungsbereich dargestellt.

Hinter jeder wissenschaftlichen Forschung steht eine philosophische Tradition. Die meisten Kulturtheorien seit Platon und Aristoteles sind „Klimatheorien", welche den Zusammenhang von Mensch und Natur charakterisieren. Hegel spricht unter anderem vom „Naturtypus der Localität, welcher genau zusammenhängt mit dem Typus und Charakter des Volks, das der Sohn solchen Bodens ist" (HEGEL 1840[2]:99).

„Die philosophischen Vorarbeiten bildeten den Ausgangspunkt für den ersten Cultural Turn Ende des 19. Jahrhunderts" (WERLEN 2003:252). Die Geisteswissenschaften strebten die Emanzipation von den Naturwissenschaften an und veränderten ihre Methodologie dahingehend, dass sie die Menschen und ihre Handlungen verstehen und nicht nur erklären wollten (WERLEN 2003:252). Diese Veränderung bildet, wie noch gezeigt wird, den Ausgangspunkt für den zweiten Cultural Turn.

2.1 Die Situation der Geographen vor der Ersten kulturtheoretischen Wende

Die Geographie wird schon im Altertum als beschreibende Wissenschaft verstanden. In ihren Anfängen diente sie vor allem dazu, Karten zu entwerfen und sogenannte „blinde Flecken" auf der Erde zu erforschen und zu kartieren. Schon „die Römer erkannten [den Nutzen der Geographie] für die staatliche Organisation des gewaltigen Imperiums" (HÜBNER 2000:11). Poseidonius wies in seinem Werk „Über den Ozean und die umliegenden Gebiete" auf die „Abhängigkeit menschlicher Rassen von den klimatischen und topographischen Gegebenheiten" (HÜBNER 2000:13) hin. Es kann festgehalten werden, dass sogenannte „Klimatheorien" als entscheidender Argumentationspunkt vorherrschten.

Alexander von Humboldt ist für die Geschichte des Faches Geographie und deren Entwicklung bedeutend. Er gehörte zu einer Gruppe von Geographen, die nicht nur eine Erdbeschreibung anstrebten, sondern darüber hinaus „Universalgelehrtheit". So brachte er in sein Werk „Kosmos" nicht nur geographisches Wissen ein, sondern bezog sich auch auf die Botanik und Literatur (WERNER 2004:47). „Um die Mitte des 17. Jahrhunderts ging das erste Zeitalter der Entdeckungen zu Ende, das der allgemeinen Entschleierung der Erde gedient hatte" (BITTERLING 1959:95).

Humboldt legte großen Wert auf die Betonung des Zusammenhangs von Mensch und Natur. So findet sich ein Kapitel in seinem „Kosmos" mit der Überschrift „Naturgefühl nach Verschiedenheit der Breiten und der Völkerstämme". Seinem Werk hat er den Anspruch, nicht nur empirische Gesetze aufzufinden, sondern vor allem Kausalzusammenhänge aufzudecken und zu erforschen (WERNER 2004:51). Seine Forschungsreisen, unter anderem nach Amerika, verbessern die wissenschaftlichen Methoden und erweitern die damaligen Vorstellungen über die Welt (OCHOA 2001:165). Darüber hinaus gab er „Anregung oder Grundlegung zu neuen Wissenszweigen, wie in der Pflanzengeographie, der Meteorologie und Klimatologie, der Meereskunde und nicht zuletzt in der Länderkunde" (BITTERLING 1959:100). Er selbst begnügte sich in seinen Forschungen mit einem „Welt-Bild" und strebte nach einer Welterklärung durch das Aufsuchen kausaler Gesetze (BITTERLING 1959:112f). Humboldt bezog wie selbstverständlich den Menschen als einen Teil der Physikalischen Geographie in seine Betrachtungen ein (BECK 1985:303). „Die Durchführung seiner Methode der vergleichenden Geographie machte Alexander von Humboldt neben Carl Ritter zum Begründer der neuzeitlichen Erdkunde als Wissenschaft" (BITTERLING 1959:100).

Carl Ritters geographische Fragestellung ähnelte der Humboldts: „Wie und warum kommt es im Gesamtbereich menschlicher Existenz zu einer solchen Fülle von Differenzierung menschlicher Lebens-, Schaffens-, Denk- und Verhaltensweisen im Raum?" (SCHACH 1996:20) Ritter lehnte ein deduktives Herangehen ab und forderte anstelle dessen die Induktion, da nur diese die Komplexität der Welt erschließbar machen könnte (SCHACH 1996:26). Deswegen sollte die Geographie auch nie ausschließlich ein beschreibendes Kompendium sein, sondern sie muss dem Menschen den Gesamtorganismus der Welt verständlich machen und somit zu einer Welterklärung taugen (SCHACH 1996:27). Ritters Auffassung nach werden Mensch und Natur von der Schöpfung bzw. Gott determiniert. Der Mensch wird darüber hinaus zusätzlich von der Natur determiniert. Durch diese einschränkenden natürlichen Lebensbedingungen müssen zwangsläufig unterschiedliche Kulturen entstehen (SCHACH 1996:45f). PLEWE beschreibt diese These an einem allgemeinen Beispiel: „Wo sich eine einförmige Natur weitflächig ausbreitet, regt sie ihre Menschen nicht an, beharren sie i.d.R. beim Althergebrachten, erhalten sie Anstöße meist nur von außen her. Wo die Natur aber auf engem Raume starke Kontraste aufweist, wo […] man auf zwei Tagesreisen vom tropischen Klima bis an den Gletscherrand heran den entsprechenden Wechsel der Vegetation vor Augen hat, lässt das auf Dauer die Phantasie nicht unbeeindruckt und wird zu Konsequenzen anregen" (PLEWE 1981:49).

Auch Alfred Hettner sei an dieser Stelle erwähnt. Er war ein Vertreter der deduktiven Methode und wollte die inneren Zusammenhänge der Erscheinungen aufzeigen. Hettner war demnach ebenfalls der geographischen Forschungsmeinung zuzuordnen, dessen Ziel es war, Kausalgesetzte aufzudecken. Er wollte die Verschiedenheit der Erscheinungsklassen von Ort zu Ort und den Zusammenhang verschiedener Erscheinungsklassen am gegebenen Ort beschreiben. Allerdings plädierte er im Gegensatz zu Humboldt und Ritter für eine erklärende Form der Beschreibung (WARDENGA 1995:134). Doch auch Hettner setzte sich für die Einheit des Faches Geographie ein (WARDENGA 1995:146).

Zusammenfassend kann festgehalten werden, dass die Kultur und der Raum bzw. Kultur und Natur von den eben aufgeführten Wissenschaftlern als deckungsgleich angesehen wurden (WERLEN 2003:252). Kulturen stellten sich als territorial existent und in Lebensräumen verankert dar. Die Klimatheorien behielten in der geographischen Forschung eine große Prägekraft (WERLEN 2003:253). Darüber hinaus waren zwei Erklärungen der Nutzung und Umgestaltung der Natur von Bedeutung: die possibilistische und die naturdeterministische Auffassung. Die possibilistische Variante erklärte die „(Regional)Kultur als ein regional entwickelter Deutungsrahmen zur Bewältigung der Existenzprobleme" (WERLEN 2003:253), währenddessen in der naturdeterministischen Auffassung die „Kultur nicht nur als räumliches Phänomen [erklärt], sondern zum unmittelbaren Ausdruck natürlicher Bedingungen" wurde (WERLEN 2003:253). Der naturdeterministische Ansatz war die Grundlage der traditionellen Länderkunde, welche die „Einheit von Natur, Raum und Kultur innerhalb von (größeren oder kleineren) räumlichen Behältnissen" (WERLEN 2003:253f) nachweisen wollte.

In der Geographie wurde also weiterhin die Einmaligkeit jedes Landes, jeder Region und jeder Landschaft betont. Diese Wissenschaft beharrte auf einer reinen Erdbeschreibung (WERLEN 2003:254).

2.2 Die Geisteswissenschaftler

An dieser Stelle soll nun auf die Ansätze der Geisteswissenschaftler eingegangen werden, die den Überlegungen der Geographen zu Grunde lagen. In diesem Rahmen sollen lediglich Georg Friedrich Wilhelm Hegel und Max Weber dargestellt werden, wenngleich noch weitere Philosophen und ihre Denkansätze erwähnt werden könnten.

Hegel hielt Vorlesungen zur Philosophie der Geschichte, in denen er auch Bezug auf den Raum nahm, in dem sich Geschichte abgespielt hat. Es geht ihm dabei nicht darum, „den Boden als äußeres Local kennen zu lernen, sondern den Naturtypus der Localität, welcher genau […] mit dem Typus und Charakter des Volks [zusammenhängt], das der Sohn solchen Bodens ist" (HEGEL 1840:99). Hegel spricht in diesem Zusammenhang davon, dass sich der Schauplatz für die Weltgeschichte nicht im hohen Norden oder tiefen Süden befinden kann, weil dort die Natur von Extremen geprägt ist. Die Menschen können sich laut seiner Auffassung in diesen Breiten nicht frei bewegen und ihr Geist ist nicht fähig, sich eine Welt zu erbauen. Aus diesen Gründen lokalisiert er den Schauplatz der Weltgeschichte im nördlichen Teil der gemäßigten Zone (HEGEL 1840:99f). Hegel beschreibt daraufhin besondere Charakterzüge von Menschen, die in bestimmten Höhenlagen siedeln. So bilden die Menschen in Hochländern kleine Familien, die keinen Ackerbau betreiben, da der Boden unfruchtbar, oder nur vorübergehend fruchtbar ist. Die Menschen seien sorglos und würden nicht für den Winter vorsorgen. Es gäbe kein Rechtsverhältnis, wodurch die Charaktere der Bewohner entweder durch äußerste Gastfreundlichkeit oder aber Räuberei gekennzeichnet wären. In den unter den Hochländern liegenden Engtälern wohnen hingegen ruhige Gebirgsvölker, welche Ackerbau und

Viehzucht betreiben (HEGEL 1840:110). Es wird deutlich, dass er ableitend von der natürlichen Oberfläche der jeweiligen Höhenlage auf den Charakter der Menschen schließt- die schroffen Gebirgszüge eines Hochlandes sich also bei den Menschen durch sehr unterschiedliche Stufen an Freundlichkeit offenbaren. Nach dieser Charakterisierung durch Höhenstufen, widmet sich Hegel der Beschreibung der Wesenszüge und Entwicklungen der Bewohner von Afrika, Asien und Europa. Er stellt fest, dass der Afrikaner den natürlichen Menschen in seiner ganzen Wildheit darstellt und er findet nichts an das Menschliche Anklingende in seinem Charakter (HEGEL 1840:115). Asien hingegen beschreibt er als wesentlich weiter entwickelt. In Anlehnung an die geographische Lage bezeichnet er es als Ursprung des Lichts des Geistes und den Anfang der Weltgeschichte (HEGEL 1840:123). Schließlich beschreibt er Europa und unterstellt ihm die wichtigste Rolle: der Anfang aller religiösen und staatlichen Prinzipien wurde in Asien gemacht, doch in Europa wurden sie erst entwickelt. Dies begründet er wiederum mit geographischen Sachverhalten. So ist Europa durch weniger starke Unterschiede in der Landschaft gestaltet als Afrika und Asien, deswegen ist der Charakter der Europäer ausgeglichener und ruhiger. Sie müssen sich nicht mit starken Naturgewalten auseinandersetzen und können sich so besser entwickeln als die anderen Länder (HEGEL 1840:126).

Max Webers Forschungen sind im Gegensatz zu Hegels mehr auf den Menschen und seine Entwicklung bezogen und viel weniger auf seine Abhängigkeit von den natürlichen Begebenheiten. Für Webers Sicht der Moderne ist der Begriff der „Entzauberung" zentral. Es dreht sich in diesem Zusammenhang um zwei kulturhistorische Prozesse, die zu unterscheiden sind: die Entzauberung der Welt durch Religion und durch Wissenschaft (SCHLUCHTER 2009:2). Er ist jedoch der Meinung, dass sich die Wissenschaft nicht als Ersatz der Religion eignet. Die Entzauberung der Welt bedeutet für ihn nicht, dass man die Religion mit Hilfe von moderner Wissenschaft überwinden soll. Denn alle Versuche durch die Wissenschaft das wahre Glück zu finden, sind bisher gescheitert. Die Wissenschaft kann dem Menschen, egal wie viele Kausalzusammenhänge sie aufzuzeigen im Stande ist, keine Antwort auf die Frage liefern, wie er zu leben hat (SCHLUCHTER 2009:12).

Weber erkennt in diesem Entzauberungsprozess „den Menschen nicht nur als ein werkzeugerzeugendes und werkzeugverwendendes, sondern auch als ein symbolerzeugendes und symbolverwendendes Wesen" (SCHLUCHTER 2009:3). Durch die verschiedenen Möglichkeiten der Menschen ihr Leben zu gestalten, kommt es zu wachsenden Konflikten in den einzelnen Wertsphären. Für den Einzelnen wird es so immer schwieriger, eine eigene Persönlichkeit zu entwickeln, weil er sich immer wieder zwischen vielen Möglichkeiten neu entscheiden muss. (SCHLUCHTER 2009:13). „Weber spricht deshalb von einem neuen Polytheismus, einem entzauberten Polytheismus, bei dem nun der Kampf zwischen den abstrakten Werten und ihren Ansprüchen an das menschliche Leben im Mittelpunkt stehe" (SCHLUCHTER 2009:13).

3) Folgen der Ersten kulturtheoretischen Wende für die Geographie

Die Erste kulturtheoretische Wende war Ursache für tiefgreifende Veränderungen in den Gesellschaftswissenschaften. Die Geographie konnte von dieser Entwicklung jedoch nicht partizipieren. Stattdessen waren die ersten Jahrzehnte des 20. Jahrhunderts geprägt von einer „Raumversessenheit". Erst nach Ende des Zweiten Weltkrieges erfolgte eine sukzessive Neuorientierung der Geographen.

3.1 Methodologische Elaborate der Geographie

Theoretisch bestand zwar die Möglichkeit, dass auch die Geographie von den beschriebenen Veränderungen und Entwicklungen in den Sozial- und Gesellschaftswissenschaften partizipierte, doch dem war nicht so. Gerade im Hinblick auf die Methodologie des Fachs entstand ein wenig durchsichtig und ebenso wenig plausibles Elaborat, welches man sich einmal in vertikaler und einmal in horizontaler Hinsicht erschließen kann (WERLEN 2003:254).

Der vertikale Strang bezeichnet die Geographie als erklärende Wissenschaft. Mit diesem explikativen Vorgehen, was vor allem den Bereich der Physischen Geographie betrifft, wird nach Ursachen für die jeweils facheigenen Sachverhalte gesucht (KRUKER 2005:11). Im Mittelpunkt stand für die Geographie die Suche nach Erklärungen für das (Zusammen-) Wirken der Geofaktoren (WERLEN 2000: 95). Dementsprechend folgte in den ersten Jahrzehnten des letzten Jahrhunderts die Geographie den naturdeterministischen Argumentationsmustern, die jedoch unter Berücksichtigung des allgemeinen naturwissenschaftlichen Forschungsstandes der damaligen Zeit durchaus populär waren. Verschiedenste Ausprägungen einzelner Kulturformen wurden in diesem Zusammenhang durch eine grundlegende Abhängigkeit von den natürlichen Voraussetzungen erklärt (WERLEN 2003:254).. Diese horizontale Ausrichtung der Geographie wurde definiert als erdbeschreibende Wissenschaft. Das deskriptive Vorgehen führte im Wesentlichen nur zu einer Ansammlung von Fakten und Daten (KRUKER 2005:11). Alfred Hettner forschte angelehnt an diese methodologisches Konzept. Die von ihm betriebene Landschafts- und Länderkunde wurde zum Kernbereich geographischer Forschung. Durch das in diesem Zusammengang zu erwähnende Einmaligkeitspostulat wird jeder Landschaft, jeder Region Spezifität zugeschrieben (WERLEN 2003:254). Damit wurde die Geographie für mehrere Jahrzehnte als Wissenschaft verstanden, die sich sowohl durch „Einheit" (erschaffen durch Erklärungen in der Allgemeinen Geographie) als auch durch „Spezifität" (beschrieben durch die Landschafts- und Länderkunde) definiert

Die Geographie als wissenschaftliche Disziplin zu Beginn des letzten Jahrhunderts verpasste es also, die eigene Methodologie zu verschieben in Richtung des „Verstehens" menschlicher Tätigkeiten, wie es in den benachbarten Gesellschaftswissenschaften nicht nur gefordert, sondern auch umgesetzt wurde.

3.2 Die Raumversessenheit der Geographen

Wie bereits in den vorherigen Kapiteln angedeutet worden ist, hat die Geographie von der Ersten kulturtheoretischen Wende nicht partizipieren können – weder in methodologischer noch in inhaltlicher Hinsicht. Statt das eigene Fach an der Schnittstelle zwischen Raum und Gesellschaft zu etablieren, isolierten sich die Geographen in ihrem eigenen Forschungsgegenstand – dem Raum (WERLEN 2000:95).

Unter Anbetracht der gesellschaftlichen Entwicklungen zu Beginn des 20. Jahrhunderts führte dies zu einer „Raumversessenheit" (WERLEN 2000:12). So befanden sich auch die Geographen nach dem verlorenen Ersten Weltkrieg in einem Schockzustand. Die gesellschaftlich-soziale Realität konnte nicht mit dem damaligen geographischen Wissenschaftsverständnis vereinbart werden. An darwinistische Denkmuster angelehnt, postulierte u.a. Kirchhoff ein durchaus optimistisches Meinungsklima, nach welchem die Deutschen aus jeder kriegerischen Auseinandersetzung gestärkt herausgehen müssten (SCHULTZ1995:102). Der sowohl gesellschaftliche als auch wissenschaftliche Schockzustand, begründet durch die Niederlage 1918, und auch kulturpessimistische Argumentationen ebneten in den folgenden Jahren den Weg für ein Aufblühen der Landschafts- und Länderkunde. Nach Hettner war eben die Länderkunde das oberste Ziel geographischer Forschung (WERLEN 2000:105). Durch detailierte, an den Geofaktoren orientiere Beschreibungen der einzelnen Landschaften sollte die Einzigartigkeit jeder Region festgehalten werden. Auch Länder, die als Summe einzelner Landschaften betrachtet wurden, wiesen – so die traditionelle Länderkunde – einen Einmaligkeitscharakter auf. Die Länderkunde ist nur ein Beispiel für die strikte Definition der Geographie als „Wissenschaft der Orte und Räume" (WERLEN 2003:254). Auf politischer Ebene suchten Geographen durch im Raum begründete Argumentationen, nach einer Rehabilitationsmöglichkeit für die erlittene Niederlage. Das darwinistische Denkmuster bot dafür nur eine Grundlage. Basierend auf Forschungsbeiträgen des Schweden Rudolf Kjellen etablierte sich in den 20er Jahren in Deutschland der Begriff und die Forschungsrichtung der Geopolitik. Karl Haushofer als Mitbegründer der „Zeitschrift für Geopolitik" im Jahr 1924 wird zum primären Vertreter der deutschen Geopolitik. Anhand der Auflagenhöhe der „ZfG" kann der Erfolg der Geopolitik belegt werden. Bis 1928 stieg die Auflagenzahl der „ZfG" stetig an (auf bis zu 4000 Exemplare) und erlitt erst durch die Weltwirtschaftskrise einen Einbruch bis 1932 (SPRENGEL 1996:32). Mit der Machtergreifung 1933 durch die Nationalsozialisten stieg die Zahl der verkauften Exemplare der „ZfG" wieder an, sodass 1934 bereits die Auflagenhöhe aus dem Jahr 1928 überschritten ist (SPRENGEL 1996:34). Die staatlich verordnete Radikalisierung und Ideologisierung der geographischen Lehrmeinungen wurde durch die Zeitschrift für Geopolitik einem breiten Publikum kommuniziert. Die Geopolitik kann dementsprechend als Wissenschaftszweig bezeichnet werden, welcher der Legitimation des Expansionsdranges der Nationalsozialisten diente.

Durch die antimoderne Raumbeschreibung der Länderkunde und die radikalisierten Argumentationen der Geopolitik befand sich die Geographie nach Ende des Zweiten Weltkrieges in einer Krise. Erwähnenswerte Sozialforschung fand in Deutschland zu dieser Zeit nicht statt. Ende der 40er Jahre kam es dann zu einer langsamen Reaktivierung der Sozialforschung im Allgemeinen und auch zu einer sukzessiven Begründung und Etablierung der Sozialgeographie (WERLEN 2000:113).

3.3 Neuorientierung der Geographie

Hans Bobek zählt zur ersten Generation von Geographen, die eine Neuorientierung des eigenen Faches langsam vorbereitete. Auf dem Bonner Geographentag hielt Bobek einen Vortrag mit dem Titel „Stellung und Bedeutung der Sozialgeographie" (WEICHHART 2008:18). Bobek realisierte, dass der Begriff und der Forschungsgegenstand der Gesellschaft in der Geographie keine bzw. nur eine sehr untergeordnete Rolle spielten. Um die Geographie als moderne Wissenschaft mit aktuellem Forschungsbezug zu etablieren, müsse dies überdacht werden. Bobek selbst war jedoch noch zu stark geprägt von den Einflüssen der traditionellen Länderkunde, die seit mehreren Jahrzehnten den Schwerpunkt geographischer Forschung bildet (WEICHART 2008:19). Auch Wolfgang Hartke gehörte dieser Generation an. Hartke jedoch ging noch einen Schritt weiter, als Bobek und wollte die geographische Forschung vom Raum und der Landschaft lösen, um die Konzentration verstärkt auf menschliche Aktivitäten zu richten. Begriffe wie „Spurenlesen" und „Registrierplatte" wurden von Hartke geprägt und bildeten die Grundlage für eine geographische Forschung, die sich in den folgenden Jahrzehnten vermehrt mit dem „Geographie-Machen" beschäftigte (WERLEN 1997:25).

Die 50er Jahre dienten im Allgemeinen der schrittweisen Neuorientierung der Geographie, speziell der Sozialgeographie. Die Zahl von Geographen, die das eigene Fach den gesellschaftlichen Einflüssen gegenüber öffnen wollten, stieg merklich an. Jedoch war der Einfluss der traditionellen Länderkunde nachhaltig (WEICHHART 2008:18). Erst der Kieler Geographentag markierte einen radikalen Umbruch, einen extremen Paradigmenwechsel. Die 68er Bewegung hielt auch Einzug in die Geographie. Es forderten vor allem Studenten generelle Abschaffung der Landschafts- und Länderkunde. Dieser Forschungszweig sei weder zeitgemäß noch problemorientiert. Aufgabe der Geographie sollte es viel eher sein, sich mit aktuellen Problemstellungen der Gesellschaft zu befassen und auch die Grenzen zu Nachbarwissenschaften (wie der Soziologie) zu verschieben, um an Nahtstellen beider Fächer zu forschen. Mit dem Kieler Geographentag wurde die wissenschaftstheoretische Position der Geographie neu bestimmt. Es wurde der Weg geebnet für eine moderne und aktuelle Geographie (DOLL 2004:14).

4) <u>Der Weg zur Zweiten kulturtheoretischen Wende</u>

Nach dem Entwicklungsprozess der Ersten kulturtheoretischen Wende und einer darauffolgenden Phase von weitreichenden Neuorientierungen und Veränderungen war es nicht nur von großer Notwendigkeit, dass der Zweite Cultural Turn eingeleitet werden musste, sondern auch die Folge eines tiefgreifenden Wandels in der Geschichte der Geographie.

4.1 Rahmenbedingungen des Cultural Turns

In der Geographie können vor allem Wolfgang Hartke und Dietrich Bartels, auf welche bereits im vorangegangenen Kapitel Bezug genommen wurde, als diejenigen Persönlichkeiten genannt werden, welche den Weg für den Cultural Turn ebneten. Sie erhoben den Anspruch, die Sozialgeographie den sozialwissenschaftlichen Forschungsbereich anzunähern und in diesem Zusammenhang das Handeln der Menschen in die Analysen ihrer Forschungen einzubeziehen (WERLEN 2004[2]:309). Während Wolfgang Hartke den Fokus auf das alltägliche Geographie-Machen und somit seinen Blickpunkt auf die menschlichen Tätigkeiten legte, vollzog Dietrich Bartels einen weiteren Schritt hin zu einer Ausformulierung der Raumwissenschaft. Trotz dieser Neufokussierung auf die menschlichen Praktiken, gelang es nach Auffassung WERLENS (2004[2]:309) jedoch nicht, den Raum als bisher dominierenden Forschungsgegenstand zu vernachlässigen. Die ‚Raumversessenheit' stand somit weiterhin im Fokus des geographischen Forschungszweiges.

Aus dieser Tatsache heraus erhob die Sozialgeographie die Forderung, den Menschen und sein tägliches Handeln in den Blickpunkt der Analysen zu stellen. In diesem Zusammenhang erhebt WERLEN (2004[2]:309) den Anspruch, dass nun der Raum „als Dimension des Handelns" verstanden werden soll und nicht umgekehrt. Der Raum wird somit zum menschlichen Konstrukt und kann daher immer wieder auf neue Weise konstituiert werden (WERLEN 2004[2]:309).

Ein weiterer Aspekt, dem im Rahmen des Cultural Turns zunehmend Beachtung geschenkt wird, ist nach BACHMANN-MEDICK (2009[3]:19) der Prozess der Globalisierung. Kultur und Gesellschaft erhalten nach WERLENS (2003:256) Auffassung in diesem Zusammenhang besondere Aufmerksamkeit. Diese Neufokussierung ist vor allem mit der räumlichen und zeitlichen Entankerung, die mit den spätmodernen Lebensformen einher gehen, in Verbindung zu bringen. Weitreichende räumliche Distanzen können überwunden werden, ohne zeitliche Einbußen zu dulden (WERLEN 2003:256). Somit kann im Sinne WERLENS (2003:256) „das räumliche Ferne zeitliche Nähe erreichen und räumlich Nahes [...] kann seine Ursprünge in zeitlicher Ferne haben". Das hat ein Umdenken für das bisherige Kulturverständnis zur Folge. Der Begriff der ‚kulturellen Vielfalt' spielt dabei eine besonders markante Rolle. Dabei kommt zum Ausdruck, dass sich Kulturen nicht mehr global verorten lassen und somit räumlich verankert sind, sondern in den verschieden geformten Lebensstilen der Menschen Ausdruck finden. Kultur lässt sich somit nicht mehr eindeutig charakterisieren, sondern erhebt zunehmend einen Relativitätsanspruch. Folglich lässt sich erkennen, dass Kultur auch nicht mehr als Ausdruck der Natur zu verstehen ist, sondern die Natur das Ergebnis des menschlichen Handelns widerspiegelt (WERLEN 2003:256ff.).

Auf der Grundlage des fortschreitenden Globalisierungsprozesses erscheint es offensichtlich, dass der Raum diesen veränderten Lebensbedingungen Rechnung tragen muss. Hierbei ist es nach WERLEN (2004[2]:313) weitaus anspruchsvoller, eindeutige und verlässliche Raumanalysen zu erheben, als es noch im Rahmen der traditionellen Lebensformen möglich war.

4.2 Der Cultural Turn

Der Cultural Turn steht aus der Perspektive des geographischen Forschungszweiges stellvertretend für die Zweite kulturtheoretische Wende und lässt sich nach WEICHHART (2008:359ff.) in den 70er bis 80er Jahren des 19. Jahrhunderts datieren. In diesem Zusammenhang bemerkt BACHMANN-MEDICK (2009[3]:16f.) jedoch kritisch, dass es sich bei dieser kulturtheoretischen Wende nicht um einen strikten und zeitlich klar abzugrenzenden Paradigmenwechsel handelt, sondern um einen Entwicklungsprozess mehrerer neuer Erscheinungen. Nach WEICHHART (2008:359f.) handelt es sich hierbei nicht nur um eine Akzentuierung neuer Aufgabenfelder, sondern auch um tiefgreifende Veränderungen aus methodischer Hinsicht. Daraus schlussfolgert er, dass es sich bei dem Cultural Turn weniger um eine Wende, als vielmehr um mehrere einzelne Turns handelt, welche mit vielfältigen neuen Phänomenen in Verbindung gebracht werden müssen. Dennoch kann festgehalten werden, dass der Cultural Turn ein neue Interpretation von Kultur als wichtiges Merkmal aufweist (WEICHHART 2008:359f.).

Nach WEICHHART (2008:339) steht der Begriff ‚Cultural Turn' als Synonym für eine „Neue Kulturgeographie". Peter Jackson wird als Begründer dieser neuen Forschungsrichtung angeführt. Da es sich bei dem Cultural Turn um einen langwierigen Prozess der Umorientierung und Neufokussierung handelt, ist in diesem Zusammenhang kritisch zu bemerken, das Jackson vielmehr als Wegbereiter dieser Forschungsrichtung zu verstehen ist und weniger als deren Begründer. WEICHHART (2008:339) verweist auf das Buch „Maps of Meaning", in welchem Jackson zum ersten Mal diesen neuen Forschungsansatz thematisierte und ihn somit in den Fokus der wissenschaftlichen Untersuchungen rückte (WEICHHART 2008:339).

Wie bereits erwähnt, spielt das Kulturverständnis im Zuge des Cultural Turns eine maßgebliche Rolle. Dabei werden mit dem Begriff ‚Kultur' jegliche Formen der menschlichen Alltagspraktiken assoziiert. Der Mensch mit seinen subjektiven Lebensstilen steht somit im Blickpunkt der Analyse (WERLEN 2003:257). Folglich wird nach MARCHART (2008:17) „das Kulturelle nicht länger als »sanfte« Seite vorgeblich »harter« sozialer Strukturen und Funktionen betrachtet, sondern nunmehr in seiner Eigenartigkeit anerkannt". Durch die Betonung der menschlichen Praktiken erhält diese neue Forschungsrichtung nach WERLEN (2004²:309) eine handlungszentrierte Dimension. Kultur wird nun als Prozess verstanden, der sich im menschlichen Handeln ausdrückt. Dabei wird der Raum vom Menschen immer wieder aufs Neue konstituiert und mit neuen Bedeutungsinhalten versehen (WERLEN 2004²:309). Insofern lässt sich eine Loslösung von dem Raum als bisher dominierenden Forschungsgegenstand hin zu einer Fokussierung auf die menschlichen Alltagspraktiken beobachten. WERLEN (2003:258) bezeichnet dieses neue Kulturverständnis als „interpretativ-konstruktivistisch". „Auf diesem Wege könne eine konstruktivistische Regionale Geographie klassische Themen „anders" präsentieren und gerade die Multiperspektivität und die Spielräume des „wissenschaftlichen Geographie-Machens" im Sinne fachspezifischer Weltdeutungen veranschaulichen" (WEICHHART 2008:375). In diesem Zitat wird erneut zum Ausdruck gebracht, dass das alltägliche Geographie-Machen neue Handlungsmöglichkeiten im Hinblick auf die wissenschaftlichen Erforschungen offenlegt. Die verschiedenen Praktiken der Menschen gilt es mehrdimensional zu betrachten und auf dieser Grundlage zu interpretieren. Im Sinne von BLOTEVOGEL (2003:12) geht es somit „um die Reinterpretation der vom Menschen bereits vorinterpretierten Wirklichkeit(en)". Nach WEICHHART (2008:360f.) spiegelt diese interpretative Vorgehensweise im Zuge des Cultural Turns das Verfahren dieser neuen Forschungsmethode wider. Die bisher quantitativ angewandten Methoden weichen einem qualitativ-interpretativen Verfahren. Das subjektive Handeln der Menschen und deren verschiedene Bedeutungszuweisungen stehen im Blickpunkt der Betrachtungen. Dabei werden Methoden, u.a. die des Interviews, benutzt, um ein möglichst aussagekräftiges und realitätsnahes Ergebnis zu erhalten (WECHART 2008:360f.). Dieses empirische Verfahren zeichnet sich besonders durch einen hohen Grad an Offenheit und Flexibilität aus. Nach WEICHHART (2008:360) sei „dieser Umschwung zu qualitativen empirischen Methoden [...] als Konsequenz eines tief greifend veränderten methodologischen Programms zu sehen".

Ein weiteres Merkmal des Cultural Turns bezieht sich auf den Bedeutungsgehalt des Begriffes ‚Kultur'. Demnach werden Menschen nicht mehr ausschließlich nach ihrer sozialen Herkunft beurteilt, sondern nach deren kultureller Dazugehörigkeit. Der Gesellschaftsbegriff tritt somit durch eine Betonung des kulturellen Aspekts in den Hintergrund (WERLEN 2003:258).

Ein weiterer wichtiger Schlüsselbegriff, der nach WERLEN (2003:258) im Zusammenhang mit dem Cultural Turn steht, ist das Prinzip der „„Differenz"'. „Das „Wir" wird nicht mehr primär an das „Hier" gekoppelt" (WERLEN 2003:259). Dieses Zitat bringt zum Ausdruck, dass das Kulturelle nicht mehr an einem bestimmten Ort lokalisiert werden kann. Die Kultur eines Menschen äußert sich darin, dass er Anteil an einem allgemeinen überregionalen Kulturverständnis hat (WERLEN 2003:259).
Diesem neuen Kulturverständnis widmeten sich zahlreiche wissenschaftliche Disziplinen, welche zu der Forschungsrichtung der ‚Cultural Studies' zählen. Im Fokus ihrer Betrachtungen steht nach der Auffassung MARCHARTS (2008:43) eine theoriegeleitete Analyse kultureller Wirklichkeiten. Aufgrund der Tatsache, dass Kultur als etwas Allgegenwärtiges und Vertrautes erscheint, muss ein objektiver Blick auf dieses Medium bewahrt werden (MARCHART 2008:43f.).

Nach WERLEN (2003:259) zeichnen sich die Cultural Studies des Weiteren durch ihr interdisziplinäres Forschungsverfahren aus. Das bedeutet, dass sie innerhalb verschiedenen Forschungsdisziplinen arbeiten, um eine möglichst umfassende und zuverlässige Interpretation alltäglicher Praktiken gewährleisten zu können.

4.3 Kritik an den Cultural Studies

„Culture […] as a 'whole way of life'" (BARKER 2002:66). Mit diesem Zitat fassen zahlreiche Autoren das Forschungsverfahren der Cultural Studies zusammen. Es bringt zum Ausdruck, dass der Kulturbegriff eine neue Dimension erfährt und in eigenartiger Manier relativiert wird. Kultur betrifft nun das gesamte Leben und spiegelt sich im alltäglichen Handeln, in den Wahrnehmungen und den verschiedenen symbolischen Bedeutungszuweisungen der Menschen wider. Diese Mehrdimensionalität des Kulturverständnisses, welcher sich die Cultural Studies gewidmet haben, birgt jedoch auch ein erhebliches Kritikpotential in sich.

Zunächst weisen BERNDT & PÜTZ (2008:18) darauf hin, dass der Kulturbegriff im Rahmen des Cultural Turns nicht an Bedeutung gewinnt, wie sich zunächst vermuten lässt, sondern vielmehr einen Bedeutungsverlust erfährt. Wurde der Begriff ‚Kultur' im Rahmen traditioneller Lebensformen als räumlich und zeitlich verankertes Phänomen betrachtet, so wird nun Kultur vielmehr als Prozess verstanden, welcher von jedem einzelnen Individuum anders interpretiert und gestaltet wird, ohne zeitlich bzw. räumlich fixiert zu sein. Folglich lässt sich nach BERNDT & PÜTZ (2008:18) der Kulturbegriff kaum noch begrifflich verorten und eröffnet großen Spielraum für mehrperspektivische Betrachtungsweisen.

Des Weiteren werden große Einwände gegen das interdisziplinäre Arbeiten der Cultural Studies erhoben. In diesem Sinne kann jene Interdisziplinarität sowohl als Vorteil, als auch als Nachteil angesehen werden. (MARCHART 2008:20). Demnach wird den Cultural Studies vorgeworfen, keine eigenständige Disziplin zu verkörpern und somit nicht eindeutig von anderen Forschungsrichtungen abgrenzbar zu sein. Die Disziplingrenzen scheinen zu verschwimmen und können somit nicht konsequent voneinander getrennt werden. Damit bleibt die Frage offen, ob es sich bei den Cultural Studies um eine eigenständige Forschungsdisziplin handelt (BERNDT & PÜTZ 2008:17). Nach BERNDT & PÜTZ (2008:17) „verorten wir uns stattdessen lose innerhalb des Cultural Turn".

Des Weiteren wird von WERLEN (2003:259) die inhaltliche Willkür der Forschungsdisziplin stark kritisiert. Aufgrund der methodisch qualitativen Vorgehensweise und dem bereits soeben genannten transdisziplinären Arbeiten kann ein konsequent methodisches Vorgehen nicht vorausgesetzt werden. WERLEN (2003:259) spricht in diesem Zusammenhang von einem „'impressionistischen Charakter'" der Forschungsdisziplin. Die Offenheit und Flexibilität im methodischen Vorgehen erfordert einen hohen Grad an Interpretationsvermögen, welches zwar das Subjekt in den Vordergrund rückt, repräsentative und objektivierbare Analysen jedoch kaum möglich macht.

Es besteht somit der Anspruch, dass die Cultural Studies unter der Voraussetzung der neuen globalisierten Bedingungen, ein Analyseverfahren entwickeln, welches diesen neuen Bedingungen Rechnung trägt (WERLEN 2003:260). BERNDT & PÜTZ (2008:19) erheben den Anspruch, dass die Forschungsverfahren „wissenschaftliche Gütekriterien erfüllen" müssen. Nach WERLEN (2003:260) besteht genau hier die Schwierigkeit. Im Zuge der verschiedenen Entankerungs- und Widerverankerungsprozesse fällt es schwer, ein stabiles Analyseinstrument zu entwickeln, welches alle Rahmenbedingungen im Zuge des Globalisierungsprozesses berücksichtigt (WERLEN 2003:260).

Es bleibt somit abzuwarten, ob sich die Cultural Studies in einem Labyrinth verschiedener Forschungsdisziplinen einen Platz sichern können, oder ob sie sich in der Kunst der Interpretation verlieren.

5) Fazit

Wie die vorliegende Arbeit gezeigt hat, resultiert die aktuelle Position der Sozialgeographie, an der Schnittstelle zwischen Raum und Gesellschaft, aus einer Vielzahl gesellschaftlicher und wissenschaftstheoretischer Veränderungen.

Seit den Römern wurde Kultur in Abhängigkeit von klimatischen Verhältnissen erklärt. Erst durch Universalgelehrte wie Alexander von Humboldt wurde das generelle Wissenschaftsverständnis (und somit auch das der Geographie) erweitert. Carl Ritter gehörte ebenfalls zu einer Generation von Wissenschaftlern, die die Aufgabe der Geographie darin sahen, dem Menschen den Gesamtorganismus der Welt verständlich zu machen. Natur und Kultur wurden in dieser Phase als deckungsgleich angesehen. Georg Friedrich Wilhelm Hegel und Max Weber, als Geisteswissenschaftler, bereiteten jedoch einen grundlegenden Einschnitt in der gesamtwissenschaftlichen Geschichte vor. Beide sahen in dem Menschen, als Forschungsgegenstand der Geistes- und Gesellschaftswissenschaften, den wesentlichen Unterschied zu den Naturwissenschaften. Die Emanzipation der Geistes- von den Naturwissenschaften seit dem Beginn des 20. Jahrhunderts war der Kernpunkt der Ersten kulturtheoretischen Wende.

Während in den ersten Jahrzehnten des letzten Jahrhunderts die Soziologen und andere Gesellschaftswissenschaftler wissenschaftstheoretisches Neuland entdeckten, partizipierten die Geographen von diesen neuen Entwicklungen nicht. Stattdessen etablierte sich in der Geographie ein methodologisches Elaborat, welches am rein erklärenden und beschreibenden Paradigma festhielt. Unter Berücksichtigung der gesellschaftlichen Entwicklungen in der ersten Hälfte des 20. Jahrhunderts führte dies zu einer Raumversessenheit der Geographen, die letztlich auch der Legitimation des Expansionsdranges der Nationalsozialisten dienlich war.

Nach dem zweiten Weltkrieg litt die Geographie dementsprechend nicht nur unter einem schlechten Image, sondern auch unter einer veralteten Methodologie. Hans Bobek, Wolfgang Hartke und Dietrich Bartels waren Geographen, die das eigene Fach sukzessive an der Nahtstelle zwischen Gesellschaft und Raum positionierten. Studenten auf dem Kieler Geographentag 1969 forderten dann einen radikalen Paradigmenwechsel der Geographie und ebneten somit den Weg für die Zweite kulturtheoretische Wende, den Cultural Turn.

Der Cultural Turn definiert die Sozialgeographie seit den 80er Jahren als handlungszentrierte Sozialwissenschaft. Der „Raum" als primäres Untersuchungsgebiet rückte in den Hintergrund. Menschliche Tätigkeiten und deren Folgen wurden Schwerpunkt sozialgeographischer Forschung. Viel mehr bildeten ein Konglomerat aus verschiedenen Phänomenen und die Auswirkungen der Globalisierung die Ursache für eine Neuinterpretation von Kultur als Allgegenwärtiges und Vertrautes.

Literaturverzeichnis

BACHMANN-MEDICK, D. (2009³): Cultural Turns. Neuorientierungen in den
Kulturwissenschaften. Reinbek: Rowohlt Taschenbuch Verlag GmbH.

BARKER, C. (2002): Making Sense of Cultural Studies. Central problems and critical debates.
Trowbridge; Wiltshire: The Cromwell Press Ltd.

BECK, H. (1985): Alexander von Humboldts Amerikanische Reise. Edition Erdmann.
Stuttgart: Thienemann.

BITTERLING, R. (1959): Alexander von Humboldt. In: HERMANN, E.: Lebenswege in Bildern.
München/Berlin: Deutscher Kunstverlag.

BERNDT, C. & R. PÜTZ (2007): Kulturelle Geographien. Zur Beschäftigung mit Raum und Ort
nach dem Cultural Turn. Bielefeld: Transcript Verlag.

BLOTEVOGEL, H.-H. (2003): „Neue Kulturgeographie" - Entwicklung, Dimensionen,
Potenziale und Risiken einer kulturalistischen Humangeographie. In: Berichte zur
deutschen Landeskunde 77, H. 1, 12.

DOLL, J. (2004): Landschaft und Kulturlandschaft. Begriffsentwicklung und Definition.
Norderstedt: GRIN Verlag.

HEGEL, G.W.F. (1840²): Vorlesungen über die Philosophie der Geschichte. Berlin: Duncker
und Humblot.

HÜBNER, W. (2000): Einleitung. In: WÖHRLE, G. (Hrsg.): Geschichte der Mathematik und der
Naturwissenschaft in der Antike. Geographie und verwandte Wissenschaften. Band 2.
Stuttgart: Steiner, 9-19.

KRUKER, V. & J. RAUCH (2005): Arbeitsmethoden der Humangeographie. Darmstadt: WBG.

MARCHART, O. (2008): Cultural Studies. Konstanz: UVK Verlagsgesellschaft mbH.

OCHOA, J. L. (2001): Ein Arbeitstag Alexander von Humboldts. Seine wissenschaftliche
Methode. In: ETTE, O. (Hrsg.): Alexander von Humboldt. Aufbruch in die Moderne.
Berlin: Akademie Verlag, 161-169.

PLEWE, E. (1981): Carl Ritter. Von der Kompendien- zur Problemgeographie. In: LENZ, K.
(Hrsg.): Carl Ritter. Geltung und Deutung. Berlin: Reimer, 37-53.

SCHACH, A. (1996): Carl Ritter (1779-1859). Naturphilosophie und Geographie. Erkenntnistheoretische Überlegungen, Reform der Geographie und mögliche heutige Implikationen. In: BÜTTNER, M. (Hrsg.): Abhandlungen zur Geschichte der Geowissenschaften und Religion. Band 2. Münster: Lit. Verlag.

SCHLUCHTER, W. (2009): Die Entzauberung der Welt. Tübingen: Mohr Siebeck.

SCHULTZ, H.-D. (1995): Die Geographie in der Moderne. Eine antimoderne Wissenschaft. In: 50. Deutscher Geographentag Band 4: Der Weg der deutschen Geographie. Rückblick und Ausblick. Stuttgart: Franz Steiner Verlag.

SPRENGEL, D. (1996): Kritik der Geopolitik. Ein deutscher Diskurs 1914-1944. Berlin: Akademie Verlag.

WARDENGA, U. (1995): Geographie als Chorologie. Zur Genese und Struktur von Alfred Hettners Konstrukt der Geographie - Erdkundliches Wissen 100.

WEICHHART, P. (2008): Entwicklungslinien der Sozialgeographie. Von Hans Bobek bis Benno Werlen. Stuttgart: Franz Steiner Verlag.

WERLEN, B. (1997): Sozialgeographie alltäglicher Regionalisierungen. Bd. 2: Globalisierung, Region und Regionalisierung. Stuttgart: Franz Steiner Verlag, 19-32.

WERLEN, B. (2000^2): Sozialgeographie. Haupt Verlag. UTB 1911: Bern.

WERLEN, B. (2003): Kulturgeographie und kulturtheoretische Wende. In: GEBHARDT, G. & P. REUBER (Hrsg.): Kulturgeographie. Heidelberg: Spektrum Verlag, 251-268.

WERNER, PETRA (2004): Himmel und Erde. Alexander von Humboldt und sein Kosmos. Berlin: Akademie Verlag.